Sikander Ali

Produção de serina protease a partir de sporotrichum thermophile

Sikander Ali

Produção de serina protease a partir de sporotrichum thermophile

ScienciaScripts

Imprint

Any brand names and product names mentioned in this book are subject to trademark, brand or patent protection and are trademarks or registered trademarks of their respective holders. The use of brand names, product names, common names, trade names, product descriptions etc. even without a particular marking in this work is in no way to be construed to mean that such names may be regarded as unrestricted in respect of trademark and brand protection legislation and could thus be used by anyone.

Cover image: www.ingimage.com

This book is a translation from the original published under ISBN 978-3-659-90760-9.

Publisher:
Sciencia Scripts
is a trademark of
Dodo Books Indian Ocean Ltd. and OmniScriptum S.R.L publishing group

120 High Road, East Finchley, London, N2 9ED, United Kingdom
Str. Armeneasca 28/1, office 1, Chisinau MD-2012, Republic of Moldova, Europe
Managing Directors: Ieva Konstantinova, Victoria Ursu
info@omniscriptum.com

Printed at: see last page
ISBN: 978-620-3-28618-2

ÍNDICE

Autor correspondente (Email :)alisbiotech@yahoo.com

LISTA DE ABREVIATURAS

BSA	Bovine serum albumin
EDTA	Ethylene diamine tetra acetic acid
g/l	Gram per liter
lbs/in^2	Pounds per square inch
MEA	Malt extract agar
mg/ml	Milligram per milliliter
min	Minutes
mM	Milli molar
mol/L	Moles per liter
MSS	Mineral salt solution
OD	Optical density
pH	Power of hydrogen ion concentration
*p*I	Isoelectric point
rpm	Revolution per minute
SBM	Soybean meal
SDS	Sodium dodecyl sulphate
SmF	Submerged fermentation
SSF	Solid substrate fermentation
U/g	Units per gram
WB	Wheat bran

RESUMO

No presente estudo, investigou-se a produção de serina protease por *Sporotrichum* ATCC 42464 *termofílico* utilizando farelo de trigo como substrato. O farelo de trigo a um nível de 12,5 g foi optimizado para a produção de serina protease utilizando a fermentação em substrato sólido (SSF) em frascos Erlenmeyer de 250 ml. A atividade enzimática foi negativamente inibida quando a farinha de soja foi parcialmente substituída por farelo de trigo em todos os níveis examinados. A produção óptima de enzimas foi determinada em função do tempo de incubação e a atividade enzimática mais elevada foi observada 48 horas após a incubação. A produção enzimática máxima foi obtida quando o substrato foi humedecido com uma solução de sal mineral (MSS) contendo 0,5% de extrato de levedura, 1% de peptona, 1% de Na_2CO_3, 2% de glucose, 0,1% de KH_2PO_4 e 0,05% de $MgSO_4.7H_2O$ a pH 5. O nível inicial de teor de água que favoreceu a produção máxima de enzimas foi de 12,5 ml, ou seja, numa proporção de 1:1 para o substrato. A caseína revelou-se o melhor indutor de enzimas. Os inibidores e quelantes, nomeadamente o dodecil sulfato de sódio (SDS), o ácido etileno diamino tetra acético (EDTA), a ureia e o hexacianoferrato de potássio [$K_4Fe(CN)_6$], reduziram a atividade enzimática. Destes, o EDTA causou a inibição máxima, enquanto a ureia causou uma diminuição mínima da atividade. O $MgSO_4$, utilizado como fonte de Mg^{2+}, provou ser o micromineral ótimo. Durante o estudo, a atividade enzimática mais elevada de 18,84 U/g foi obtida em condições de fermentação óptimas.

1 INTRODUÇÃO

As enzimas proteolíticas dos microrganismos têm numerosas funções fisiológicas, que vão desde a digestão das proteínas até processos regulados mais específicos. Em geral, as proteases extracelulares catalisam a hidrólise de grandes proteínas em moléculas mais pequenas que são depois absorvidas pela célula (Kumar e Takagi, 1999). As proteases são classificadas como ácidas, neutras e alcalinas, dependendo da gama de pH em que as suas actividades são óptimas (Sandhya *et al.,* 2005). São classificadas em diferentes grupos, tais como serino-proteases, tiol-proteases, aspártico-proteases e metalo-proteases (Beg e Gupta, 2003). Cerca de um terço das proteases pode ser classificado como serina proteases, assim designadas devido à presença de um resíduo Ser nucleofílico no sítio ativo. Esta classe mecanicista foi originalmente distinguida pela presença de um sistema de relé de carga Asp-His-Ser ou tríade catalítica (Craik *et al.,* 1987; Hedstrom 2002). É específica para resíduos aromáticos ou hidrofóbicos, como a tirosina, a fenilalanina e a leucina. É altamente sensível ao fluoreto de fenilmetilsulfonilo (PMSF) e ao diisopropilfluorofosfato (Rao *et al.,* 1998). A enzima está envolvida em muitos processos fisiológicos críticos, incluindo a digestão, a hemostase, a apoptose, a transdução de sinais, a reprodução e a resposta imunitária (Barros *et al.,* 1996). As cascatas de ativação sequencial das serino-proteases conduzem à coagulação do sangue, à fixação do complemento e à fibrinólise (Collen e Lijnen, 1986; Davidson *et al.,* 1990).

As proteases, também conhecidas como peptidil peptídeo hidrolases, são enzimas industriais importantes, representando cerca de 60% de todas as vendas de enzimas (Mukherjee *et al.,* 2008). Têm diversas aplicações numa vasta gama de indústrias, tais como detergentes, alimentos, produtos farmacêuticos, couro e seda (Kumar e Takagi 1999; Gupta *et al.,* 2002). As serino-proteases, em particular, são utilizadas como aditivos na indústria (Murthy e Naidu, 2010). São amplamente utilizadas no fabrico de queijo, na cozedura e na amaciamento da carne (Wu e Hang, 2000). As proteases termoestáveis têm sido amplamente estudadas, não só para a produção industrial (detergentes, tratamento de tecidos, amaciamento da carne) e para reduzir o risco de contaminação por outros organismos a temperaturas elevadas, mas também para elucidar os mecanismos envolvidos na termoestabilidade das enzimas (Helmann 1995; Imanaka *et al.,* 1986). As proteases fúngicas são também utilizadas no processo de depilação de peles de cabra (Ananadan *et al.,* 2007).

Entre os micróbios, os fungos têm sido amplamente utilizados como produtores de várias substâncias de interesse económico, tais como enzimas, antibióticos, vitaminas, aminoácidos e esteróides (Yang *et al.,* 2005). As culturas fúngicas têm muitas vantagens, uma vez que são geralmente consideradas estirpes seguras (Farley e Ikasari, 1992; Chrzanowska *et al.,* 1993; Fan-Ching e Lin, 1998). As estirpes microbianas, incluindo fungos *(Aspergillus flavus, A. melleu, A. niger, Fusarium graminarium, Penicillium griseofulvin, Scedosporium spiosermum* e *Chrysosporium keratinophilum),* bactérias *(Bacillus licheniformis, B. firmus, B. alcalophilus, B. proteolyticus* e *B. thurengienesis*), actinomicetos (*Streptomyces noursei, S. echinatus, Thermoactinomyces vulgaris* e *S. hygroscopicus*) e leveduras (*Aureobasidium pullulans, Yarrowia lipolytica, Issatchenkia orientalis* e *Cryptococcus aureus*) foram relatados como produtores de proteases (Ellaiah *et al.,* 2002; Ni *et al,* 2008; Li *et al.,* 2009). No entanto, é possível explorar outras culturas de fungos, como o *Sporotrichum termofílico,* para a produção de serino-proteases. A sua seleção será motivada pela sua natureza termofílica, bem como pela determinação de parâmetros óptimos para a produção de enzimas que possam ser mais económicas.

As proteases são geralmente produzidas por fermentação submersa (SmF) ou fermentação em estado sólido (SSF). A SmF tem vantagens aparentes em termos de produção enzimática consistente, caraterísticas do meio e condições de processamento definidas. Estas vantagens também se devem à facilidade de processamento a jusante, apesar do elevado custo dos componentes do meio (Ogawa *et al.,* 1995). No entanto, nos últimos anos, foram enviados esforços para explorar formas de reduzir os custos de produção de proteases, utilizando matérias-primas baratas ou subprodutos agrícolas como substratos para a produção de proteases e melhorando os rendimentos

(Sandhaya *et al.*, 2005; Prakasham *et al.*, 2006). A SSF, que envolve o crescimento de micróbios num substrato sólido húmido na ausência de água livre, ganhou um impulso considerável devido a certas vantagens sobre a SmF convencional, como o baixo custo de produção, a poupança de água e energia, a redução do problema dos efluentes e a estabilidade do produto devido a uma menor diluição no meio (Pandey 2008; Holker e Lenz, 2005). Apesar destas vantagens, alguns dos problemas associados ao SMF incluem a utilização incompleta de nutrientes devido à fraca transferência de oxigénio e calor no substrato (Sangsurasak e Mitchell, 1995).

A sêmea de trigo *(Triticum aestivum)* provou ser um substrato adequado para a produção de proteases de bolor por SSF e a sua utilização como substrato adequado para a produção de proteases ao longo dos anos levou à sua utilização como indutor preferido para a síntese de enzimas (Aikat e Bhattacharyya, 2001). A sêmea de trigo é um produto importante da indústria de moagem de trigo. É uma boa fonte de proteínas e minerais, bem como uma fonte rica em fibras alimentares (Ranhotra, 1972). O farelo de trigo contém 6,88% de humidade, 18,57% de proteínas, 2,4% de gordura, 34% de hidratos de carbono, 4,55% de cinzas totais, 37,05% de fibras insolúveis, 2,6% de fibras solúveis, 0,01% de ferro, 0,12% de fósforo e 0,96% de cálcio (Shenoy e Prakash, 2001).

A produção de proteases extracelulares por microrganismos é fortemente influenciada por factores físicos, tais como o pH, a temperatura e o tamanho do inóculo (Nehete *et al.*, 1985). Além disso, o teor de água inicial, o tempo de incubação e a concentração do substrato utilizado para a fermentação também são considerados factores importantes. Foi observado que a principal caraterística da maioria dos microrganismos é a sua forte dependência do pH extracelular para o crescimento celular e a produção de enzimas (Kumar e Tagaki, 1999). A maioria das enzimas é sensível ao pH e tem gamas específicas de atividade. Todas têm um pH ótimo. A maioria das enzimas funciona a um pH entre 6 e 8 (Daniel *et al.*, 2010). A produção de serina protease por estirpes microbianas depende do pH extracelular porque o pH da cultura influencia fortemente muitos processos enzimáticos e membranas (Ellaiah *et al.*, 2002). A sua produtividade diminui tanto a valores de pH mais elevados como mais baixos (Teufel e Gotz, 1993; Paranthaman *et al.*, 2009). Esta enzima é geralmente produzida durante a fase logarítmica do crescimento fúngico como um metabolito primário. Os nutrientes presentes no substrato sólido são consumidos mais cedo, levando a um declínio da atividade metabólica do organismo ao longo do tempo (Algarsamy *et al.*, 2006).

As enzimas termoestáveis podem ser produzidas em condições mesofílicas. Numa escala industrial, em que os custos e benefícios regem os processos de produção, as condições mesofílicas são mais favoráveis porque requerem menos energia (Hajji *et al.*, 2008). Os agentes molhantes geralmente utilizados para substratos sólidos são complementados por uma fonte de proteínas. Estas têm um efeito indutor que leva a um aumento da atividade proteolítica. A indução da atividade da serina protease pela adição de proteínas ao farelo de trigo parece depender da estirpe fúngica utilizada (Agrawal *et al.*, 2004). No SSF, o teor de humidade inicial tem uma influência significativa na produção de enzimas hidrolíticas. Verificou-se que um teor de água mais baixo na SSF resulta em solubilidade reduzida de nutrientes no substrato sólido, menor inchaço do substrato e maior tensão de água (Zadrazil e Brunert, 1981). Um teor de água mais elevado leva a uma redução da porosidade, a uma perda da estrutura das partículas, a um aumento da viscosidade, a uma redução do volume de gás, a uma diminuição das trocas e a um aumento da formação de micélios aéreos (Lonsane *et al.*, 1985; Chellappan *et al.*, 2006).

Verificou-se que os iões metálicos afectam a atividade enzimática (Upadhyay *et al.*, 2010). Algumas proteases contêm iões metálicos como cofactores, pelo que não há alteração na atividade da protease quando estes são adicionados ao extrato enzimático (Pena *et al.*, 2006). +++A presença de certos iões metálicos, como Ca ^{2}, Mg ^{2} e Mn ^{2}, não só protege a serina protease da desnaturação, como também aumenta marginalmente a sua atividade (Kumar e Takagi, 1999). Um inibidor é um agente que interfere com a atividade de uma enzima. Os inibidores podem afetar a ligação da enzima ao substrato ou a catálise subsequente. Os inibidores enzimáticos são utilizados para definir as vias metabólicas e compreender os mecanismos das reacções enzimáticas. As células regulam as vias metabólicas através da inibição específica de enzimas-chave (Bugg *et al.*, 1993). Os quelantes estão envolvidos na complexação de iões metálicos que têm um efeito inibitório nas enzimas. A quelação de iões metálicos vestigiais inibitórios conduz geralmente a um aumento da atividade das proteases (Agrawal *et al.*, 2005).

2 OBJECTIVOS

O Paquistão é um país agrícola que produz uma grande quantidade de resíduos ou subprodutos agrícolas. A utilização destes subprodutos agrícolas em processos industriais está a aumentar. A sua utilização em processos industriais proporciona um substrato económico para a produção em grande escala de metabolitos importantes, como enzimas e antibióticos, etc. Os substratos mais utilizados para a fermentação em estado sólido (SSF) incluem o farelo de trigo, a soja, o amendoim, o sésamo, a linhaça, a mostarda, a casca de arroz, o farelo de arroz, os grãos de cerveja, o bagaço de coco, o bagaço de palmiste, o bagaço de sésamo, o pó de sementes de jaca, a colza, as espigas de milho e o bagaço de azeite. Tendo em conta a eficiência da produção de SSF para a produção de enzimas no presente estudo, o farelo de trigo foi explorado para a produção de serina protease a partir de *Sporotrichum* ATCC 42464 *termofílico*. Foram estudados os seguintes parâmetros,

1. Avaliação do farelo de trigo como substrato

2. Período de incubação

3. Efeito do teor de humidade inicial

4. Efeito de vários indutores, inibidores e microminerais na atividade enzimática

3 REVISÃO DA LITERATURA

Wang *et al* (1974) estudaram as condições de crescimento para a produção máxima de protease por *Rhizopus oligosporus, Mucor dispersus* e *Actinomucor elegans*. Os rendimentos enzimáticos dos três fungos foram mais elevados na fermentação em estado sólido (SSF) do que na fermentação em estado submerso (SSF). O nível de humidade no substrato sólido era de cerca de 50-60%. O crescimento destes fungos foi muito baixo quando a humidade do substrato era inferior a 35%. Dos três substratos testados, farelo de trigo, trigo e soja, o farelo de trigo foi o mais satisfatório para a produção de enzimas. As condições óptimas para a produção máxima de enzimas para os três fungos cultivados em farelo de trigo foram as seguintes: *R. oligosporus*, 50% de humidade a 25°C durante 3-4 dias; *M. dispersus,* 50 a 63% de humidade a 25°C durante 3-4 dias; *A. elegans*, 50 a 63% de humidade a 20°C durante 3 dias.

Ong e Gaucher (1976) relataram um fungo termofílico, *Malbranchea pulchella*, que produziu uma única serina protease alcalina extracelular quando cultivado a 45°C com 2% de caseína como única fonte de carbono. A produção de protease associada ao crescimento em culturas submersas foi inibida pela adição de glucose, aminoácidos ou extractos de levedura. Um estudo de especificidade com pequenos substratos de ésteres sintéticos indicou que a protease hidrolisava preferencialmente ligações no lado carboxílico de resíduos de aminoácidos aromáticos ou apolares que não eram ramificados em beta, carregados positivamente ou com configuração D. Os substratos da peptidase e outros, como o éster de N-acetil-L-tirosina-etilo, não foram hidrolisados. A protease era estável numa vasta gama de pH (6,5-9,5 a 30°C, 20 h), e era particularmente termoestável (t1/2 = 110 min a 73°C, pH 7,4) na presença de $Ca^{(2+)}$ (10 mM).

Beuchat e Basha (1976) estudaram a produção de protease e micélio por *Neurospora sitophila* em meios sólidos e líquidos de dextrose de batata. A atividade máxima de protease extraída de culturas de 4 dias ocorreu a pH 6,5 quando foi utilizado um substrato proteico de amendoim não fraccionado. A maior atividade de protease e produção micelial foi observada no primeiro dia do período de teste de 4 dias. O meio de dextrose de batata contendo mais de 0,2 M de NaCl resultou numa diminuição da produção de protease e micelial, enquanto o amido de tapioca não foi afetado em concentrações até 1,4%. A adição de 0,3 M de sacarose ao meio de crescimento estimulou fortemente a produção de protease e o crescimento micelial. A atividade proteolítica máxima foi observada em extractos miceliais cultivados em meio de dextrose de batata ajustado de pH 6 para 7,5. A atividade foi maior quando a proteína solúvel de amendoim foi utilizada como substrato, em comparação com a proteína não fraccionada ou substratos de globulina.

Urbanek e Yirdaw (1978) verificaram que a protease era segregada quando *Fusarium culmorum, F. avenaceum* e *F. oxysporum* eram cultivados em meio de proteína mineral, meio de parede celular e durante a infeção de plântulas de milho. As proteases de culturas fúngicas em meios de proteínas minerais foram parcialmente purificadas por cromatografia em coluna de celulose CM. As proteases de culturas in vitro dos três fungos testados, bem como de plântulas de milho infectadas com eles, tinham valores de pH óptimos semelhantes para a atividade (entre 2 e 2,5). As enzimas foram inibidas por $Fe^{(3+)}$, mas não foram sensíveis a outros iões metálicos ou agentes oxidantes. A secreção de proteases ácidas por *Fusarium* durante a infeção das plântulas sugere que estas enzimas podem ter um papel específico nos processos patogénicos.

Cohen (1981) efectuou um estudo sobre vinte e duas estirpes *de Aspergillus* que demonstrou que a produção de proteases extracelulares neutras e alcalinas era desreprimida pela privação de uma ou mais fontes de carbono, azoto ou enxofre. Nenhuma destas estirpes necessitou de indução, sendo a protease produzida na ausência de proteínas adicionadas. Três outras estirpes produziram apenas uma protease ácida e três estirpes não produziram protease nas condições estudadas. Previu-se que o controlo das proteases neutras e alcalinas extracelulares por desrepressão é comum a todas as estirpes *de* espécies de *Aspergillus*. Ogrydziak e Scharf (1982) relataram que *Saccharomycopsis lipolytica* $CX161^{-1}B$, cultivada em pH quase neutro, produziu uma única protease extracelular alcalina, níveis mais baixos de protease(s) extracelular(es) ácida(s) e nenhuma protease extracelular neutra. O ponto isoelétrico (pI) da enzima foi de 5,7. A enzima purificada tem um pH alcalino ótimo (pH 9-10). Hellmich e Schauz (1987) estudaram a produção de protease de *Ustilago maydis* num meio de sal mineral.

A produção foi influenciada pelo tipo e concentração da fonte de azoto. A glucose como fonte de carbono favoreceu a taxa de divisão celular e a atividade global da protease.

Battaglino *et al* (1991) estudaram uma série de condições de cultura para a produção de protease por *Aspergillus oryzae* NRRL 2160 em substratos sólidos. O pH do meio e do substrato teve uma influência marcada na produção de protease. Obteve-se uma elevada produção de protease quando o fungo foi cultivado durante 72-96 h em casca de arroz: farelo de arroz (7:3), a um pH inicial de 7. A produção máxima de protease foi obtida com um teor de humidade inicial de 35-40%, correspondendo a uma gama de atividade da água de 0,98-20,986. A caseína e o glúten foram indutores eficazes. Malathi e Chakraborty (1991) relataram a produção de protease alcalina a partir de uma estirpe *de Aspergillus flavus* por SSF para utilização como agente de depilação e a influência de vários factores na produção de enzimas. As condições óptimas para a produção máxima foram uma temperatura de crescimento de 32°C, uma humidade do substrato de 63% e um período de crescimento de 48 horas.

Villegas *et al* (1993) estudaram o efeito da pressão parcial de O_2 e CO_2 na produção de protease ácida em SSF por *Aspergillus niger* em farelo de trigo. Foi utilizado um sistema de fermentação que permite medições em linha do reator e a aquisição contínua de dados sobre o pH, a temperatura, o caudal de gás, a queda de pressão e a produção de CO_2. A produção de protease ácida aumentou quando o gás continha 4% de CO_2 (v/v) e atingiu um pico de 43% de aumento em relação ao ar com uma mistura de 4% de CO_2 e 21% de O_2. A produção de protease estava fortemente relacionada com a atividade metabólica do bolor, representada pelo total de CO_2 libertado.

Ikasari e Mitchell (1994) descobriram que o farelo de arroz era superior a outros substratos proteicos para a produção de protease por *Rhizopus oligosporus* ACM 145F em SSF. A produção máxima de protease foi obtida após 72 horas. O teor de humidade inicial ótimo foi de 47% (a_w=0,97). O arroz fermentado seco, moído e ressuspenso foi a preparação de inóculo mais prática e eficaz, embora no laboratório as suspensões de esporos preparadas diretamente a partir de ágar sejam mais práticas. A densidade do inóculo (10^2-10^7 esporos/g de substrato) e a idade (3, 5, 7 e 9 dias) tiveram pouco efeito na produção de protease. O pH ótimo foi de 7-7,5 a 37°C e a temperatura óptima foi de 45°C a pH 7,2 para a atividade caseinolítica. A enzima foi estável entre pH 3,5-8 e temperaturas até 45°C.

Aikat e Bhattacharyya (2000) realizaram estudos sobre a extração de protease em SSF do farelo de trigo por *Rhizopus oryzae*, utilizando água destilada (DW) como extrator, sendo o volume ótimo de 5 ml/g de farelo. Um tempo de extração ou de imersão de 2 horas a 4°C foi suficiente para extrair quase 90% (52,5 U/g de farelo) da enzima, enquanto a extração completa foi alcançada em 10 horas (58,7 U/g de farelo). Com o volume ótimo de extrato de 5 ml DW/g de farelo, a maior parte da enzima foi recuperada numa única extração (60 U/g de farelo), enquanto as extracções repetidas produziram muito pouca enzima (5 e 2,8 U/g de farelo na segunda e terceira extracções, respetivamente). Sanchez e Pilosof (2000) relataram que a atividade de *A. niger* que cresce num substrato sólido se correlacionou bem com a formação de conídios (R: 0,91-0,96) para teores iniciais de humidade de 382000, 48% de protease (base húmida), pH inicial de 5,4 e 6 e temperatura (29-37°C). No entanto, a relação conídios/protease variou com a maioria destas condições e com a adição de NaCl, indicando uma associação parcial entre as duas.

Wu e Hang (2000) utilizaram um esquema composto central de três factores e cinco níveis para otimizar a produção de protease ácida a partir de farelo de trigo por *Neosartorya fischeri* var. spinosa IBT 4872. O teor de água inicial, a temperatura de incubação e a concentração de fosfato tiveram um efeito significativo na produção de protease ácida. O teor de água inicial teve o maior efeito na produção de enzimas. Não foi observada qualquer interação entre as variáveis. A validade do modelo foi confirmada por testes de verificação. As condições óptimas para a produção de protease ácida foram as seguintes: teor de água do substrato inicial, 53 ml H2O/100 g; concentração de fosfato, 0,86 mol/L; e temperatura, 30°C. O rendimento enzimático foi de 1,59 U/ml (8,83 U/g de farelo de trigo).

Aikat e Bhattacharyya (2001) realizaram a produção de protease SSF a partir de farelo de trigo por uma estirpe local de *R. oryzae*, num reator de placas empilhadas (SPR) e num reator de leito empacotado (PBR), incorporando a estratégia de reciclagem do meio líquido. No reator de placas empilhadas, a antecipação do início da reciclagem do dia 5 para o dia 3 quase duplicou a produção, de 364 unidades (U) para 600 U (atividade total). A duplicação do número de placas de cinco para dez (cada placa contendo 2g de farelo) resultou apenas num aumento de 25% na produção para 750U. A produção foi melhorada pela retirada intermitente de parte do produto, seguida da adição de alimentos frescos, com uma produção quase máxima mantida durante 10 dias e um rendimento de atividade total de 1771 U em 16 dias de retirada do extrato. Os melhores resultados foram obtidos no PBR, onde o rendimento total da atividade de 6381 U foi quatro vezes superior ao do SPR. As alterações rápidas, incluindo um efeito de eliminação do produto, observadas através da adaptação do conceito de taxa de diluição, ocorreram no PBR mas não no SPR.

Aguilar *et al* (2002) avaliaram a produção de proteases indesejáveis por *A. niger* Aa-20 em culturas submersas e sólidas utilizando diferentes concentrações de ácido tânico como única fonte de carbono. Verificou-se que a produção de proteases depende do sistema de cultura utilizado (cultura submersa ou sólida) e da concentração inicial de ácido tânico. A expressão da atividade de protease em cultura submersa foi mais elevada (até 10 vezes) do que a atividade obtida em cultura sólida, utilizando uma composição idêntica do meio de cultura. Em cultura submersa, a atividade final de protease mais baixa (0,13 UI) foi obtida com a concentração mais elevada de ácido tânico, enquanto que em cultura sólida, a atividade de protease não foi afetada por alterações na concentração inicial de substrato. A ausência de atividade proteolítica detetável em cultura sólida está relacionada com a elevada produção de enzimas de tanino. Por conseguinte, a utilização de cultura em estado sólido para a produção de enzimas fúngicas pode resultar em títulos de enzimas mais elevados e mais estáveis nos extractos de cultura.

Ifrij e Ogel (2002) estudaram a produção de proteases extracelulares por *Scytalidium thermophilum,* cultivada em celulose microcristalina, que foi mais ativa a um pH de 6,5 a 8 e a uma temperatura de 37 a 45°C quando incubada durante 60 minutos. A maior atividade de protease foi observada no dia 3, enquanto a atividade de endoglucanase foi baixa. As medições da atividade de protease com e sem os inibidores de protease, p-cloromercuribenzoato, PMSF, antipain, E-64, EDTA e pepstatina A, sugeriram a produção de serina protease e serina protease contendo tiol. A atividade da endoglucanase e da endoglucanase adsorvível Avicel no meio de cultura não foi significativamente afetada pelos inibidores da protease.

Germano *et al* (2003) caracterizaram a protease produzida por uma estirpe selvagem *de Penicillium* sp. em SSF. A farinha de soja desengordurada foi utilizada como fonte de carbono e azoto e como matriz sólida para o SSF. A enzima foi produzida a 28°C utilizando farinha de soja desengordurada suplementada com tampão citrato-fosfato 0,2 mol/l, com um pH inicial e humidade do substrato de 5 e 55% (w/w), respetivamente. A temperatura óptima para a atividade enzimática no extrato bruto foi de 45°C a um pH ligeiramente ácido (6,5). Estudos sobre o efeito dos inibidores mostraram que se tratava provavelmente de uma serina protease. Os estudos de estabilidade revelaram temperaturas à volta de 35-45°C. $^+$A atividade foi reduzida na presença de iões $Co^{(2+)}$, $Mg^{((2+))}$ e Zn^{2+}, enquanto que a presença de iões $Ca^{(2+)}$ e Na resultou num aumento discreto da atividade proteolítica. Os resultados demonstraram a importância da fermentação em estado sólido para a produção de protease usando farinha de soja desengordurada como substrato, que oferece vantagens significativas devido ao seu custo mais baixo e disponibilidade abundante.

Agrawal *et al* (2004) demonstraram a atividade de protease alcalina de um isolado local de *Penicillium* sp. para a hidrólise da proteína de soja em condições de SSF. Os parâmetros de teste óptimos para a atividade de protease alcalina de *Penicillium* sp. foram pH 9 (tampão borato, 0,1 M) e uma temperatura de 45°C. A pré-incubação do extrato enzimático com Fe^{3+}, $Hg^{(2+)}$ e Cu^{2+} inibiu significativamente a atividade enzimática, enquanto $Ca^{(2+)}$, $Mg^{((2+))}$ e $Mn^{((2+))}$ a aumentaram marginalmente. Verificou-se que *o Penicillium* sp. cultivado a 28°C durante 3 dias em farelo de trigo suplementado com 25 mg de proteína de soja/g de farelo, humedecido com solução salina M-9 (1 ml/g), inoculado com 1×10^{10} esporos/g e extraído com tampão de borato 0,1 M produziu um elevado título de protease alcalina.

Agrawal *et al* (2005) estudaram a atividade de protease alcalina de um isolado do solo de *Beauveria felina* para a hidrólise de proteínas de soja e compararam-na com a de *A. oryzae* NCIM 649, um produtor conhecido de protease alcalina, em condições de SSF. Foram optimizados os parâmetros que afectam a produção de protease alcalina em SSF. Foi obtida uma atividade máxima de protease de 20 000 U/g de substrato seco inicial (IDS) de *B. felina* cultivada durante 7 dias em farelo de trigo humedecido com uma solução de M-9 (pH 7) e um teor de água inicial de 120%. Em comparação com *A. oryzae* NCIM 649, *B. felina* apresentou um aumento de aproximadamente duas vezes na produção de protease alcalina em condições optimizadas.

Sandhya *et al* (2005) efectuaram um estudo comparativo sobre a produção de proteases neutras utilizando resíduos agro-industriais como substratos SSF e SmF. Sete culturas fúngicas, nomeadamente três estirpes de *A. oryzae* e quatro estirpes pertencentes a *Penicillium* sp, *P. funiculosum, P. pinophilum, P. aculeatum* foram avaliadas utilizando um ensaio em placa para a produção de enzimas, que mostrou que uma estirpe de *A. oryzae* NRRL 1808 era a cultura mais útil. Vários resíduos agro-industriais (farelo de trigo, casca de arroz, farelo de arroz, grãos de cerveja, bagaço de coco, bagaço de palmiste, bagaço de sésamo, pó de sementes de jaca e bagaço de azeite) foram examinados quanto à produção de protease neutra em SmF e SSF. Em ambos os sistemas, o farelo de trigo foi o melhor substrato. Os melhores resultados em SSF foram obtidos num meio com um teor de humidade inicial de 43,6%, após inoculação com 1 ml de suspensão de esporos e incubação a 30°C durante 72 h (31,2 U de enzima por grama de substrato fermentado - U/gds). Uma avaliação comparativa da produção de protease pelos dois sistemas de fermentação mostrou um aumento de 3,5 vezes na produção de enzima em SSF, demonstrando claramente a superioridade de SSF sobre SmF.

Chellappan *et al* (2006) relataram a produção de uma protease a partir de *Engyodontium* album isolado de sedimentos marinhos que era ativa a pH 11. Os parâmetros do processo que influenciam a produção de protease alcalina por *E. album* marinho foram optimizados. A humidade inicial (60%) e a incubação a 25°C durante 120 horas foram óptimas para a produção de protease em SSF utilizando farelo de trigo. O organismo tem dois valores de pH óptimos (5 e 10) para a produção de enzimas. A sacarose como fonte de carbono, o hidrogenocarbonato de amónio como fonte de azoto inorgânico adicional e o aminoácido leucina aumentaram a produção de enzimas durante a SSF. A protease foi purificada e parcialmente caracterizada. A enzima mostrou uma atividade máxima a pH 11 e a 60°C. A atividade a altas temperaturas e a um pH alcalino elevado sugere que a enzima pode ser utilizada na indústria dos detergentes.

Liang *et al* (2006) relataram a produção de uma protease de *Monascus purpureus* CCRC31499 quando cultivado num meio contendo pó de casca de camarão e caranguejo (SCSP) proveniente de resíduos marinhos. Uma protease extracelular foi purificada do sobrenadante da cultura para homologia. A protease tinha um peso molecular de 40.000 e um pI de 7,9. O pH ótimo, a temperatura óptima, a estabilidade do pH e a estabilidade térmica da protease foram 7-9, 40°C, 5-9 e 40°C, respetivamente. Para além da atividade da protease, *o M. purpureus* CCRC31499 também mostrou atividade no aumento do crescimento vegetal no sobrenadante da cultura.

Kocabiyik e Ozel (2007) determinaram determinados parâmetros para a produção e a atividade caseinolítica de uma protease extracelular termoacidofílica de *Thermoplasma volcanium*. O nível mais elevado de crescimento e produção de enzimas foi detectado a pH 3 durante um período de incubação de 192 h a 60°C. O pH ótimo para a atividade da protease ácida foi 3 e a enzima foi relativamente estável numa vasta gama de pH (pH 3-8). A temperatura de atividade máxima da enzima foi de 55°C e a atividade manteve-se estável entre 50°C e 70°C. Estas caraterísticas podem ser úteis para várias aplicações biotecnológicas desta enzima. Os inibidores de protease à base de serina (PMSF), cisteína (DTT), metalo (EDTA) e aspartato (pepstatina) não inibiram a atividade caseinolítica da enzima. Consequentemente, a protease ácida de *Tp. volcanium* poderia ser uma das carboxil-proteinases que é insensível à pepstatina.

Anandan *et al* (2007) demonstraram que *a A. tamarii* exprime uma protease extracelular que é um agente de depilação eficaz. Serão necessárias grandes quantidades da enzima para otimizar o processo de depilação enzimática. As condições de crescimento para a expressão máxima da protease por *A. tamarii* foram optimizadas tanto para a cultura em meio sólido sobre farelo de trigo como para a cultura em caldo. A expressão óptima da protease ocorreu, para ambos os meios de cultura, a um pH inicial de 9; a cultura foi incubada a 30°C durante 96 h utilizando um inóculo de 5% para inocular os meios de crescimento. A suplementação da cultura em meio sólido com 1% de glucose ou peptona, ou 0,5% de nitrato de amónio, aumentou a expressão da protease *de A. tamarii*. A suplementação da cultura em caldo com 1% de glucose, ou peptona, ou leite desnatado ou 0,5% de nitrato de amónio aumentou a produção de protease *de A. tamarii*.

Basu *et al* (2008) utilizaram escamas de peixe, o principal produto residual das indústrias de transformação de peixe, para a produção de protease extracelular pelo mutante *A. niger* AB100. A produção de protease por *A. niger* AB100 foi significativamente aumentada na presença de pó de escamas de peixe tratado. Dos três nutrientes complexos testados, a farinha de soja mostrou um efeito estimulador máximo na produção de protease (2.776 pmol/ml/min) quando utilizada em combinação com glucose (5% p/v) e ureia (2,5% p/v). A protease foi óptima a pH 7, retendo mais de 60% da sua atividade na gama de pH 5-9. A enzima foi mais ativa a 50°C e estável a 30°C durante 1 hora. O efeito ativador dos catiões divalentes ($Fe^{(2+)}$), Zn^{2+}, $Mn^{(2+)}$, $Ca^{((2+))}$) e $Mg^{((2+))}$)) e o efeito inibidor do agente quelante (EDTA) e do Hg^{2+} permitiram concluir que a enzima era uma metaloprotease.

El-Shora e Metwally (2008) revelaram que diferentes suplementos de azoto induziram um crescimento e uma produtividade enzimática diferentes, dependendo do organismo individual, da natureza do suplemento e da concentração durante a produção de proteases de *A. niger* e *Aspergillus terreus*. O processo de fermentação em duas fases aumentou o rendimento da biomassa fúngica e das proteases. As proteases foram isoladas e purificadas a partir de *A. niger* e *A. terreus* com uma atividade específica de 179 e 294,7 U/mg de proteína, respetivamente. Os valores de V_{max} foram 56 e 166 U/ml para proteases ácidas e alcalinas de *A. niger*. No entanto, o V_{max} da protease alcalina *de A. terreus* foi de 29 U/ml. As proteases das estirpes *de Aspergillus* testadas revelaram actividades hidrolíticas promissoras em relação ao fibrinogénio, à fibrina e aos coágulos sanguíneos. A atividade trombolítica varia consoante o organismo e/ou o substrato.

Chutmanop *et al* (2008) utilizaram uma estirpe de *A. oryzae* para produzir proteases. O farelo de arroz utilizado isoladamente demonstrou ter uma morfologia de substrato pobre (porosidade insuficiente) para uma SSF satisfatória. Foi adicionada uma certa quantidade de farelo de trigo para melhorar a morfologia do substrato. As seguintes variáveis afectaram a produção de proteases: composição do substrato, teor de humidade inicial e pH inicial. Foi obtida uma elevada atividade de protease (1200 U/g de matéria seca) num substrato com uma relação farelo de trigo/farelo de arroz de 0,33 numa base de peso seco, um teor de água de 50%, um pH inicial de 7,5 e uma temperatura de incubação de 30^{c}C.

Macchione *et al* (2008) efectuaram um estudo comparativo para avaliar a produção de proteases em SSF e SmF por nove fungos termofílicos diferentes - *Thermoascus aurantiacus miehe, Thermomyces lanuginosus, T. lanuginosus* TO.03, *A. flavus* 1.2, *Aspergillus* sp. 13.33, *Aspergillus* sp. 13.34, *Aspergillus* sp. 13.35, *Rhizomucor pusillus* 13.36 e *Rhizomucor* sp. 13.37, utilizando substratos contendo proteínas para induzir a secreção da enzima. Foram testados o extrato de soja (leite de soja), a farinha de soja, o leite em pó, o arroz e o farelo de trigo. Os resultados mais satisfatórios foram obtidos com o farelo de trigo em SSF. Os fungos que se destacaram em SSF foram *T. lanuginosus, T. lanuginosus* TO.03, *Aspergillus* sp.

13.34, *Aspergillus* sp. 13.35, e *Rhizomucor* sp. 13.37, e os de SmF foram *T. aurantiacus, T. lanuginosus* TO.03, e 13.37. Nos sistemas de fermentação, *A. flavus* 1.2 e *R. pusillus* 13.36 apresentaram os níveis mais baixos de atividade proteolítica.

Garcia-Gomez *et al* (2009) relataram que um extrato proteolítico (EPC) foi produzido por *A. oryzae* 2095 sob SSF usando uma mistura de farinha de peixe e espuma de poliuretano (70:30, w/w) com um tamanho de partícula de 0,5 mm. A atividade proteolítica do EPC foi comparada com a de uma protease comercial. A atividade máxima de ambos os extractos foi observada a pH 8 e a 50°C. As meias-vidas do EPC e do Flavourzyme 500 MG foram de 52 e 25 minutos, respetivamente, a 50°C. Além disso, a atividade hidrolítica dos dois extractos foi testada no músculo do robalo gigante (*Epinephelus morio*), tendo a EPC produzido um grau de hidrólise (DH) mais elevado do que a Flavourzyme 500 MG (22,2 e 9,1%, respetivamente) em condições experimentais óptimas para cada extrato. Sindhu *et al* (2009) investigaram a produção de protease alcalina utilizando SSF de *Penicillium godlewskii* SBSS 25 isolado de amostras de solo recolhidas no sul de Kerala, Índia, e a sua aplicação como aditivo detergente. O rendimento máximo de protease (235 U/gds) foi obtido com parâmetros optimizados, tais como pH (9), temperatura (35°C), teor de humidade (60%), fonte de azoto (0,5% NH_4NO_3), fonte de carbono (4% glucose) e tempo de incubação (96 h). A enzima revelou-se estável com uma vasta gama de detergentes comerciais.

Rajmalwar e Dabholkar (2009) avaliaram seis bagaços de óleo como substratos para a produção de protease mediada por SSF a partir de *Aspergillus* sp. Os subprodutos agro-industriais (bagaços de óleo), nomeadamente soja, amendoim, sésamo, linho, mostarda e algodão, foram avaliados como indutores da produção de protease utilizando SSF na presença de um agente humidificante diluente definido. A síntese enzimática foi mais elevada (107,66 U/ml) quando a farinha de soja foi utilizada como substrato, seguida pela farinha de sésamo (76,04 U/ml). Sathya *et al* (2009) utilizaram resíduos agro-industriais para a produção de enzimas. Vinte resíduos agro-industriais foram avaliados quanto ao seu uso potencial como substratos de SSF para a produção de protease de coagulação do leite por *Mucor circinelloides*.

De todos os parâmetros físico-químicos testados, os melhores resultados foram obtidos num meio com um teor de humidade de 20% a pH 7 quando inoculado com 30% de suspensão de esporos e incubado a 30°C durante 5 dias. A atividade aumentou ainda mais com a adição de iões $Ca^{(2+)}$, $Cu^{(2+)}$ e Mg^{2+}.

Vishwanatha *et al* (2010) demonstraram que *A. oryzae* MTCC 5341, cultivado em farelo de trigo como substrato, produziu várias proteases ácidas extracelulares. A produção da principal protease ácida (que representa 34% do total) por SSF foi optimizada. As condições operacionais ideais foram um pH de 5, uma temperatura de incubação de 30°C, uma adição de 4% de farinha de soja desengordurada e um tempo de fermentação de 120 h, resultando na produção de uma protease ácida de 8,64x105 U/g de farelo. Murthy e Naidu (2010) isolaram *A. oryzae* CFR305 de resíduos de café e realizaram a produção de protease usando substratos de café sob SSF. A casca de café cereja provou ser um substrato adequado para a produção de protease. Foi avaliada a influência dos parâmetros do processo, como a temperatura, o pH, a humidade, o tamanho das partículas, o tamanho do inóculo, os aditivos e os pré-tratamentos do substrato. A produção máxima de protease de 12239 U/gds foi obtida em cascas de cereja pré-tratadas com vapor. A protease foi parcialmente purificada e caracterizada. Verificou-se que a enzima é uma serina protease, tal como indicado pelos seus estudos de inibição. A enzima protease mostrou uma atividade máxima a pH 10 e a 60°C.

Isto indica a utilização da serina protease alcalina como aditivo na indústria e também destaca a importância da SSF para a produção de protease utilizando a casca de café cereja como substrato, que oferece vantagens significativas devido à sua disponibilidade abundante e natureza económica.

Merheb-deni *et al* (2010) mostraram que o extrato enzimático bruto produzido pelo fungo termofílico, *Thermomucor indicae-seudaticae* N31 por SSF usando farelo de trigo, exibiu alta atividade de coagulação do leite e baixa atividade proteolítica após 24 horas de fermentação. A maior atividade de coagulação do leite (MCA) foi observada a pH 5,7, 70°C e 0,04 M $CaCl_2$; foi estável na gama de pH 3,5-4,5 durante 24 h e até 45°C durante 1 h. A MCA foi fortemente inibida pela pepstatina A. O perfil da atividade hidrolítica do extrato enzimático bruto sobre a caseína bovina inteira, analisado por eletroforese em gel e HPLC, revelou uma fraca ação proteolítica sobre as fracções de caseína e um perfil peptídico semelhante ao obtido com a protease comercial *Rhizomucor miehei*.

4 MATERIAIS E MÉTODOS

Equipamento como um autoclave (KT-40L, ALP Co. Ltd, Tóquio, Japão), incubadora refrigerada (11-679-25C, Gallenkamp, Inglaterra), incubadora com agitador rotativo (Iremeco GmbH, Alemanha), câmara de fluxo de ar laminar (Technico Scientific Supply, Lahore, Paquistão), centrífuga (D-78532, Hettich Zentrifugen EBA 20, Tuttlingen, Alemanha), espetrofotómetro (SP-300, Optima, Tóquio, Japão) e hemocitómetro (Marienfield, Alemanha).

Os produtos químicos, incluindo o sulfato de cobre, o tartarato de sódio e de potássio, a albumina de soro bovino (BSA), a caseína, o dodecilsulfato de sódio (SDS), o ácido etilenodiaminotetraacético (EDTA), o hexacianoferrato de potássio, o cloreto de cobalto, o sulfato de zinco e o ácido tricloroacético eram de qualidade analítica e provinham diretamente de Acros (Bélgica), E-Merck (Alemanha), Fluka (Reino Unido) e Sigma (EUA). Todos os outros produtos químicos e reagentes eram da mais alta pureza possível.

Manutenção de organismos e culturas

A estirpe *termófila de Sporotrichum* ATCC 42464 (originalmente fornecida por *Northern Regional Research Laboratories, Peoria, IL, EUA)* foi obtida no *Institute of Industrial Biotechnology (IIB). GC University Lahore, Paquistão.* A cultura foi mantida em placas de ágar de extrato de malte (MEA) contendo 2% de extrato de malte, 1% de peptona, 2% de dextrose e 2% de ágar a pH 4,8. As culturas em lâminas foram incubadas a 30°C durante 4 a 6 dias até que a esporulação fosse máxima. As subculturas foram cultivadas de 2 em 2 semanas e examinadas frequentemente ao microscópio ótico para evitar contaminações. As culturas em lâminas foram armazenadas a 4°C numa câmara fria.

Preparação do inóculo e contagem dos esporos

O inóculo de esporos foi utilizado no presente estudo. Dez mililitros de água destilada esterilizada foram adicionados a uma cultura em lâmina de *S. thermophile* ATCC 42464 que apresentava um crescimento adequado. Utilizou-se uma agulha de inóculo esterilizada para quebrar os aglomerados de esporos. O tubo foi agitado suavemente para obter uma suspensão de esporos homogénea e uniforme. Utilizou-se um hemocitómetro para contar os esporos ($A_{560}\sim1$) e encontrou-se $1,35\times10^6$ CFU.

Técnica de fermentação

A produção de serina protease foi obtida utilizando a fermentação em substrato sólido (SSF) em frascos Erlenmeyer de 250 ml. Dez gramas de substrato de farelo de trigo foram humedecidos com um diluente (D_3 considerado ótimo) numa proporção de 1:1. Os frascos foram tapados com algodão e esterilizados num autoclave a uma pressão de 15 lbs/in$^{(2)}$ (121°C) durante 15 minutos. Após a esterilização, o meio foi deixado arrefecer até à temperatura ambiente e inoculado com 1 ml de suspensão de esporos em condições assépticas. Os frascos foram incubados a 30°C durante 48 horas e agitados duas vezes por dia. Todas as experiências de fermentação foram efectuadas em paralelo e em triplicado.

Diluentes utilizados

D_1 : Água da torneira, pH 6,5.

D_2 : Água destilada, pH 7.

D_3 : Solução salina mineral (MSS) contendo 0,5% de extrato de levedura e 1% de peptona,
KCO_3 1%, glucose 2%, KH_2PO_4 0,1%, $MgSO_4.7H_2O$ 0,05%, pH 6,8.

D_4 : NH_4NO_3 0,5%, KH_2PO_4 0,2%, NaCl 0,1%, $MgSO_4.7H_2O$ 0,1%, pH 8,2
(Paranthaman *et al.*, 2009).

D_5 : $MgSO_4.7H_2O$ 0,05%, $ZnSO_4$ 0,044%, KNO_3 0,1%, $FeSO^\wedge HO$ 0,112%,
K_2HPO_4 0,1%, $MnSO_4.2H_2O$ 0,002%, pH 7,4 (Santos *et al.*, 2004).

D_6 : KH_2PO_4 0,3%, Na_2CO_3 4%, $MgSO_4.7H_2O$ 0,05%, caseína 1%, amido 2%, pH 8
(Tunga *et al.*, 1998).

Técnicas de análise

Extração de enzimas

Após a incubação, foram adicionados a cada frasco 100 ml de tampão fosfato, pH 7,2, e colocados numa incubadora com agitador rotativo durante 1 hora a 180 rpm. O conteúdo foi filtrado com papel de filtro Whatmann n.º 44. O filtrado límpido foi utilizado para o ensaio enzimático.

Ensaio enzimático

A atividade da serina protease foi determinada pelo método de McDonald e Chen (1965). Um mililitro de solução enzimática foi adicionado a 4 ml de caseína a 1% como substrato num tubo de ensaio e incubado a 30°C durante 1 hora. A reação foi interrompida pela adição de 5 ml de ácido tricoloroacético a 5%. Os precipitados formados foram deixados em repouso durante 10 minutos e filtrados. Deitou-se um mililitro do filtrado em 5 ml de reagente alcalino com 2 ml de NaOH 1 N para tornar o conteúdo do tubo alcalino. Após o intervalo de tempo necessário, adicionou-se 0,5 ml de reagente de Folin e Ciocalteu e misturou-se suavemente, invertendo o tubo várias vezes. Aparece uma cor azul. Foi efectuado um controlo em paralelo, substituindo a amostra enzimática por 1 ml de L-tirosina. A DO_{660nm} foi medida após 30 minutos de reação.

Unidade enzimática

Uma unidade de serino-protease é definida como a quantidade de enzima necessária para produzir um aumento de 0,1 na densidade ótica a 660 nm nas condições de ensaio definidas.

Otimização das condições críticas de fermentação

O nível de farelo de trigo como substrato sólido variou de 2,5, 5, 7,5, 10, 12,5 e 15 g e o seu efeito na produção de enzimas foi estudado. A farinha de soja foi também parcialmente substituída por farelo de trigo (rácios 1:0,25, 0,75:0,5, 0,5:0,75, 0,25:1 e 1,25). A fermentação foi efectuada utilizando 12,5 g de farelo de trigo (considerado ótimo) para avaliar o efeito do tempo de incubação (12, 24, 36, 48, 60, 72, 84 e 96 h) na produção de enzimas (Sandhya *et al.,* 2005). Foram utilizados seis diluentes diferentes (D_1, D_2, $D_{(3)}$, D4, D_5, D_6) numa proporção de 1:1 com o substrato de base. O diluente optimizado (MSS) foi então utilizado em diferentes níveis (1:0,75, 1:1, 1:1,25, 1:1,5, 1:1,75, 1:2) para determinar o valor para uma produção enzimática óptima. O pH do diluente também foi variado: 4,5, 5, 5,5, 6, 6,5 e 7 (Vishwanatha *et al.*, 2010).

Otimização das condições de ensaio críticas

Foi estudado o efeito de vários indutores enzimáticos, como a caseína, a ovalbumina e a BSA, na atividade da serina protease. Alguns sais minerais [$CaCl_2$, $MgSO_4$, $ZnSO_4$ e $CoCl_2$] também foram utilizados para aumentar a atividade (Agrawal *et al.*, 2004). Por último, o dodecilsulfato de sódio (SDS), a ureia, o ácido etileno diamino tetra acético (EDTA) e o hexacianoferrato de potássio foram avaliados como quelantes de metais vestigiais e inibidores de enzimas (Basu *et al.*, 2008).

Análise estatística

Os efeitos dos tratamentos foram comparados utilizando o método da menor diferença significativa protegida (Spss-10-6, versão 4.0, EUA), segundo Snedecor e Cochran (1980). A diferença significativa entre réplicas foi apresentada como um intervalo múltiplo de Duncan e um valor de probabilidade (p).

Preparação de placas de ágar MEA

O meio MEA foi preparado dissolvendo 2 g de dextrose, 2 g de extrato de malte, 1 g de peptona e 2 g de ágar em 100 ml de água destilada. Deitaram-se cerca de 6 ml do meio em tubos de ensaio separados e taparam-se com algodão. Os tubos foram esterilizados em autoclave a uma pressão de 15 lbs/in[2] (121°C) durante 15 minutos. Após a esterilização, os tubos foram inclinados num ângulo de aproximadamente 30° para aumentar a área de superfície e deixados a solidificar à temperatura ambiente durante 30 minutos.

Preparação do reagente alcalino

O tartarato de sódio e potássio (2,7 g), o $CuSO_4.5H_2O$ (1 g) e o Na_2CO_3 (0,5 g) foram dissolvidos em cerca de 90 ml de água destilada. O volume final foi levado a 100 ml.

Preparação do tampão fosfato, pH 7,2

Misturou-se KH2PO4 (39 ml de 2,72%) com 61 ml de K2HPO4 a 3,48%.

5 RESULTADOS E DISCUSSÃO

Efeito da sêmea de trigo como substrato para a produção de serina protease

O efeito de diferentes níveis de substrato de farelo de trigo (2,5, 5, 7,5, 10, 12,5 e 15 g) foi estudado na produção de serina protease por *Sporotrichum* ATCC 42464 *termofílico* (Fig. 1a). A fermentação em substrato sólido (SSF) foi utilizada em frascos Erlenmeyer de 250 ml. Foi obtida uma produção enzimática de 1,34 U/g com 2,5 g de farelo de trigo. Esta quantidade revelou-se pouco económica e demasiado pequena para o volume de inóculo de esporos utilizado no presente estudo. Observou-se um aumento progressivo da produção enzimática (de 3,98 para 9,08 U/g) quando o nível de substrato foi aumentado de 5 para 10 g. No entanto, a produção máxima de enzimas (11,45 U/g) foi atingida com 12,5 g de substrato, tendo diminuído para 8,67 U/g quando o teor de farelo de trigo foi aumentado para 15 g. O aumento do teor de substrato aumentou a produção de enzimas, mas apenas até um certo nível, após o qual foi observado um declínio, possivelmente devido à repressão do catabolito de carbono, conforme relatado por Sandhya *et al.* (2005). O O_2 necessário para o crescimento e a atividade metabólica ideais de *S. thermophilus* tornou-se indisponível com o aumento do nível de substrato, o que levou a uma redução da produção de enzimas. Numa outra série de experiências, a proporção de farinha de soja (SBM) e farelo de trigo (WB) foi variada (0,25:1, 0,5:0,75, 0,75:0,5 e 1:0,25 g) para avaliar o efeito combinado dos substratos agrícolas na produção de enzimas, como se mostra na Figura 1b. A produção enzimática mais elevada (6,12 U/g) foi obtida quando o rácio SBM:WB foi ajustado para 0,25:1. No entanto, a produção de enzimas diminuiu progressivamente (4,61 para 1,57 U/g) quando este rácio foi alterado.

Como a produção máxima de enzimas através da substituição parcial de SBM por WB numa proporção óptima permaneceu inferior à do único substrato mencionado abaixo, 12,5 g de farelo de trigo como substrato foi optimizado para a produção de enzimas dentro dos seguintes parâmetros. O farelo de trigo foi relatado como um substrato eficaz em estudos anteriores para a produção de protease pelo fungo SSF (Chellappan *et al.*, 2006; Chutmanop *et al.*, 2008). A presença e disponibilidade de todos os nutrientes necessários no farelo de trigo permitiu a produção máxima de enzimas, o que não foi o caso quando a MSB foi parcialmente substituída por BM. Isto pode dever-se ao aumento do tamanho das partículas quando a MSB foi adicionada, uma vez que se verificou que as partículas de substrato maiores diminuem a produção de protease porque a capacidade de absorção diminui, resultando num menor inchaço que apenas promove um crescimento fúngico sub-ótimo (Zadrazil e Puniya, 1995; Chellappan *et al.,* 2006).

Fig. 1a: Efeito de diferentes níveis de farelo de trigo como substrato para a produção de uma serina protease extracelular de *Sporotrichum* ATCC 42464 *termofílico*.

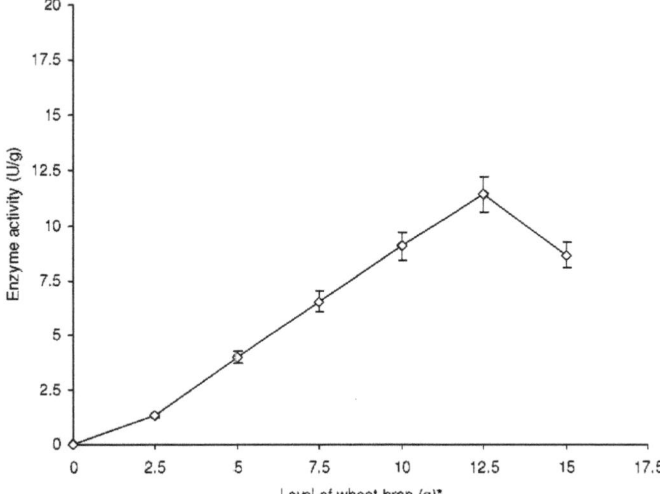

A incubação foi efectuada a 30°C durante 48 horas utilizando solução de sal mineral (MSS) a pH 7 como humectante. *O nível de farelo de trigo como substrato foi variado em frascos Erlenmeyer de 250 ml. A caseína (1%) foi adicionada ao meio de ensaio como indutor de enzimas.

As barras Y indicam o desvio padrão (±sd) entre as três réplicas paralelas. Cada valor médio difere significativamente ao nível de p<0,05.

Fig. 1b: Substituição parcial da farinha de soja por farelo de trigo como substrato para a produção de uma serina protease extracelular de *S. thermophile* ATCC 42464.

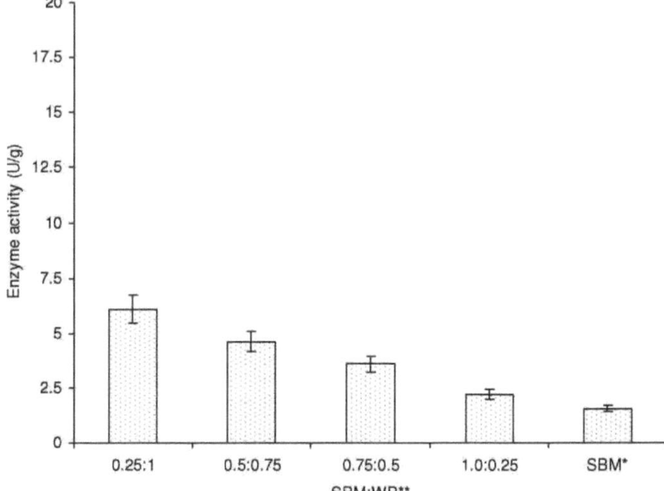

A incubação foi efectuada a 30°C durante 48 h, utilizando MSS a pH 7 como humidificante. *A farinha de soja foi parcialmente substituída por farelo de trigo em diferentes níveis. A caseína (1%) foi adicionada ao meio de ensaio como indutor de enzimas.

As barras Y indicam o desvio padrão (±sd) entre as três réplicas paralelas. Cada valor médio difere significativamente ao nível de p<0,05.

Período de incubação

A Figura 2 mostra a taxa de produção de serina protease por *S. thermophile* ATCC 42464 sob SSF. O tempo de incubação variou de 12 a 96 horas após a inoculação. Inicialmente, às 12 horas de incubação, a produção de enzima foi de 0,94 U/g, indicando a fase latente do crescimento fúngico, conforme relatado por Chakraborty *et al* (1995). O nível de produção de enzimas aumentou progressivamente com o aumento do período de incubação de 24 a 36 horas. No entanto, os melhores resultados em termos de atividade enzimática foram obtidos com um período de incubação de 48 h. A produção enzimática foi registada num máximo de 11,6 U/g. Depois disso, a produção de enzimas diminuiu progressivamente (60-84 h), tornando-se muito baixa (3,02 U/g) às 96 h de incubação. Isto indica uma fase estacionária no crescimento fúngico, uma vez que a falta de nutrientes levou a uma paragem no crescimento e na produção de metabolitos. Uma queda acentuada na produção de enzimas após 60 h mostrou que a enzima era um produto metabólico primário do organismo. A baixa atividade enzimática também pode ser atribuída à inativação da enzima por metabolitos tóxicos produzidos mais tarde na fermentação (Paranthaman *et al.*, 2009). Consequentemente, foi optimizado um período de incubação de 48 h para a produção de enzimas. Também foi demonstrado que *Aspergillus niger* e *A. flavus* segregam um máximo de protease 48 horas após a incubação (Malathi e Chakraborty, 1991).

Fig. 2: Efeito do tempo de incubação na produção de uma serina protease extracelular de *S. thermophile* ATCC 42464.

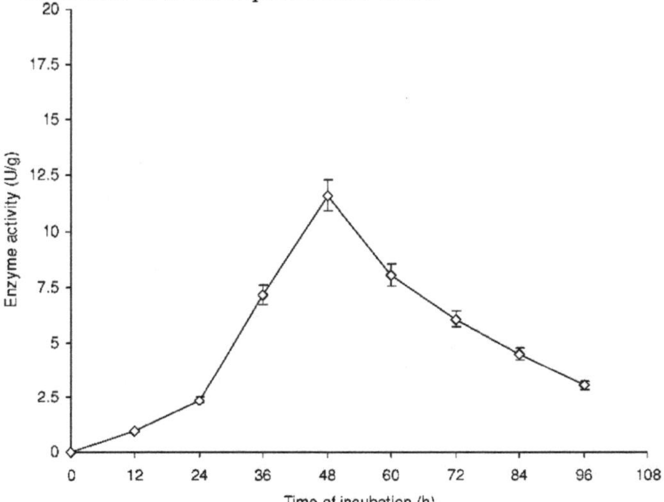

A incubação foi efectuada a 30°C utilizando MSS pH 7 como humectante. *Foram utilizados 12,5 g de farelo de trigo como substrato. A caseína (1%) foi adicionada ao meio de ensaio como indutor de enzimas.

As barras Y indicam o desvio padrão (±sd) entre as três réplicas paralelas. Cada valor médio difere significativamente ao nível de p<0,05.

Efeito do teor de humidade inicial

O efeito do teor de água inicial na produção de serina protease por *S. thermophile* ATCC 42464 em SSF também foi investigado. Foram utilizados diferentes diluentes (D_1, D_2, $D_{(3)}$, D_4, D_5 e D_6), adicionados a um nível de 12,5 ml/12,5 g de substrato em frascos Erlenmeyer de 250 ml. Os resultados são apresentados na figura 3a. A utilização de D_3 como diluente permitiu obter uma produção enzimática máxima (12,02 U/g). Os níveis de enzimas diminuíram quando se utilizaram outros diluentes, tendo o nível mais baixo sido obtido com D_5, que produziu 2,97 U/g de enzimas em 48 h de incubação. O aumento da produção enzimática devido à substituição da água destilada (D_2) e da água da torneira (D_1) por D_3 deve-se à incorporação da proporção correta de nutrientes adicionais no meio de fermentação, tal como referido por Chisti (1999). A baixa atividade com os outros três diluentes ($D4$, $D5$ e $D6$) deve-se à incapacidade do organismo de se adaptar à sua concentração de nutrientes e nível de pH. Por conseguinte, o D_3, com uma composição de 0,5% de extrato de levedura, 1% de peptona, 1% de Na_2CO_3, 2% de glucose, 0,1% de KH_2PO_4 e 0,05% de $MgSO_4.7H_2O$ a pH 6,8, foi optimizado como o teor inicial de água para estudos de cultura em lote. A glucose forneceu uma fonte adicional de carbono, enquanto a adição de peptona e extrato de levedura aumentou o teor de azoto do meio. O aumento da produção de enzimas através da adição de uma fonte adicional de azoto e de carbono ao farelo de trigo foi também demonstrado na produção de protease por *Penicillium* (Agrawal *et al.*, 2004) e na produção de protease ácida por *A. niger* (Chakraborty *et al.*, 1995).

A figura 3b mostra o efeito de diferentes níveis de D_3 (7,5, 10, 12,5, 15, 17,5 e 20 ml) como teor de água inicial na produção de serina protease. O teor de água tem um efeito profundo na produção de protease (Tunga *et al.*, 1998; Germano *et al.*, 2003). A produção (2,74 U/g) foi menos eficiente com 7,5 ml de $D3$. A solubilidade dos nutrientes diminuiu quando o teor de água era baixo, o que tornou os nutrientes indisponíveis para *S. thermophile* ATCC 42464, levando a uma diminuição da sua atividade metabólica. Resultados semelhantes foram também registados por Zadrazil e Brunet (1981). Foi observado um aumento acentuado na produção de enzimas (11,57 U/g) quando 12,5 ml de D_3 foram utilizados para humedecer 12,5 g de farelo de trigo. Sabe-se que um teor de humidade mais elevado afecta a difusão de O_2 no substrato e causa o entupimento do substrato, tal como referido por Sandhya *et al.* (2005). Confirmou-se que a produção de enzima diminuiu (9,45-4,02 U/g) quando o nível de diluente foi aumentado de 15 para 20 ml. Consequentemente, 12,5 ml de D3 foram optimizados para a produção de enzimas. Este modelo do efeito do teor de água na produção de enzimas foi também referido por Agrawal *et al* (2004).

Foi estudado o efeito do pH inicial (4,5, 5, 5,5, 6, 6,5 e 7) na produção de serina protease por *S. thermophile* ATCC 42464. Os resultados são apresentados na Figura 3c. O pH extracelular tem uma forte influência na produção de proteases, uma vez que todos os organismos têm um pH ótimo no qual trabalham progressivamente. Qualquer desvio em relação a este pH conduz a uma diminuição da sua capacidade de produção, tal como referido por Paranthaman *et al.* (2009). A um pH de 4,5, a produção enzimática foi de 9,23 U/g. No entanto, foi observado um rendimento mais elevado (15,37 U/g) quando o pH foi ajustado para 5. O baixo nível de produção enzimática a pH 4,5 mostra que o organismo não funciona bem quando o pH começa a deslocar-se para condições mais ácidas. Verificou-se, portanto, que o organismo preferia condições ligeiramente ácidas, mas não condições mais ácidas. Quando o pH foi aumentado para 6, observou-se uma ligeira diminuição da produção enzimática (12,98 U/g). Obteve-se uma produção enzimática de 11,59 U/g quando o pH foi aumentado para um nível neutro, ou seja, 7. Por conseguinte, verificou-se que o pH 5 era ótimo para a produção de enzimas em frascos Erlenmeyer de 250 ml. O pH ótimo de 5 também foi estudado para a produção de protease a partir de *Engydontium album* (Chellappan *et al.*, 2006) e para a produção de protease extracelular a partir de *A. flavus* (Upadhyay *et al.*, 2010).

Fig. 3a: Efeito de diferentes diluentes no teor de água para a produção de uma serina protease extracelular de *S. thermophile* ATCC 42464.

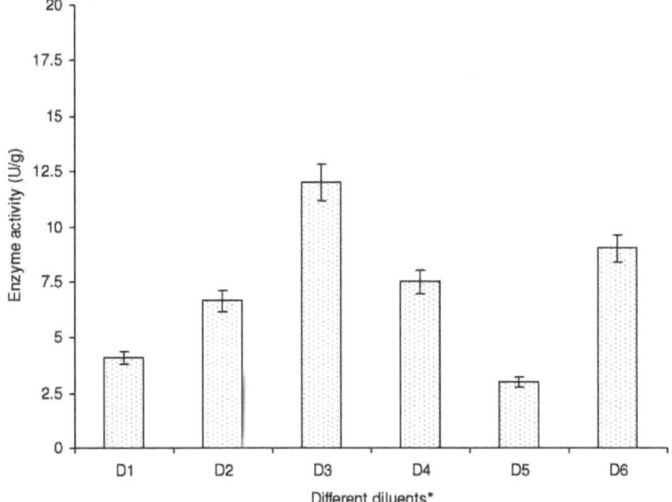

A incubação foi efectuada a 30°C durante 48 h. *As composições dos diluentes são indicadas nos métodos, enquanto que 12,5 g de farelo de trigo foram utilizados como substrato. Foi adicionada caseína (1%) ao meio de ensaio como indutor enzimático.

As barras Y indicam o desvio padrão (±sd) entre as três réplicas paralelas. Cada valor médio difere significativamente ao nível de p<0,05.

Fig. 3b: Efeito de diferentes níveis de MSS como teor de água para a produção de uma serina protease extracelular de S. thermophile ATCC 42464.

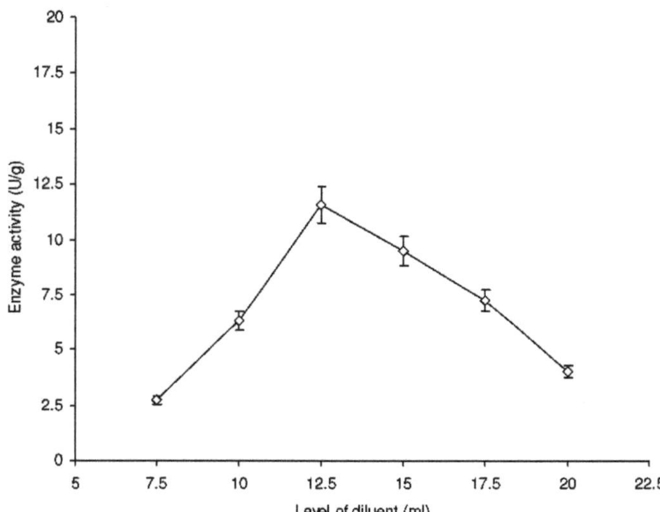

de uma serina protease extracelular de *S. thermophile* ATCC 42464.

A incubação foi efectuada a 30°C durante 48 h. O farelo de trigo (12,5 g) foi utilizado como substrato. A caseína (1%) foi adicionada ao meio de ensaio como indutor de enzimas.

As barras Y indicam o desvio padrão (±sd) entre as três réplicas paralelas. Cada valor médio difere significativamente ao nível de p<0,05.

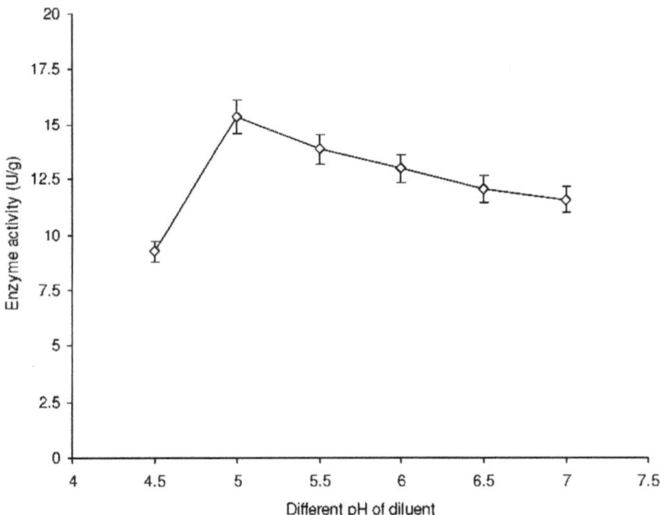

A incubação foi efectuada a 30°C durante 48 h. O farelo de trigo (12,5 g) foi utilizado como substrato. A caseína (1%) foi adicionada ao meio de ensaio como indutor de enzimas.

As barras Y indicam o desvio padrão (±sd) entre as três réplicas paralelas. Cada valor médio difere significativamente ao nível de p<0,05.

Efeito de indutores, inibidores e microminerais na atividade enzimática

O efeito de vários indutores enzimáticos (caseína, BSA e ovalbumina) na atividade da serina protease foi avaliado e os resultados são apresentados na Figura 4a. A BSA é mais estável e menos sensível ao ataque das proteases do que a caseína ou a ovalbumina, pelo que a utilização da BSA como indutor produziu uma atividade enzimática mínima (4,25 U/g). A ovalbumina induziu um aumento para 9,64 U/g. No entanto, quando a caseína foi utilizada como indutor enzimático, observou-se uma atividade máxima (15,62 U/g). Por conseguinte, a caseína foi escolhida como o melhor indutor da serina protease. O efeito da caseína como o melhor indutor de protease na atividade enzimática foi também demonstrado por Abidi *et al.* (2008). Foi também estudado o efeito de quelantes e inibidores, nomeadamente EDTA, SDS, ureia e hexacianoferrato de potássio, na atividade enzimática (Fig. 4b). A atividade enzimática mais baixa (2,58 U/g) foi obtida na presença de EDTA. Esta diminuição da atividade indica a dependência da enzima em relação aos iões metálicos, uma vez que o EDTA complexa os iões metálicos em solução. Resultados semelhantes foram registados por Beg e Gupta (2003). Observou-se que a atividade enzimática era ligeiramente superior (4,26 U/g) na presença de hexacianoferrato de potássio. No entanto, o controlo (sem quelante ou inibidor) proporcionou uma atividade enzimática máxima (15,29 U/g). A utilização de ureia e SDS diminuiu ainda mais a atividade de 13,74 para 8,04 U/g. A diminuição da atividade devido à adição de SDS pode ser atribuída à alteração da conformação da molécula de enzima, resultando numa ligação ineficaz à molécula de substrato. A capacidade de desnaturação proteica da ureia pode ser um fator na diminuição da atividade enzimática quando incubada com o extrato enzimático (Vishwanatha *et al.*, 2010).

A figura 4c ilustra a influência de vários micro minerais metálicos e não metálicos ($CaCl_2$, $CoCl_2$, $MgSO_4$ e $ZnSO_4$) na atividade da serina protease. A presença de iões Co^{2+} e $Zn^{(2+)}$ deu valores intermédios de atividade enzimática (14,96 e 11,02 U/g, respetivamente). No entanto, a atividade foi mais elevada (18,84 U/g) quando se utilizou $MgSO_4$ como fonte de Mg^{2+}. A atividade mínima (4,76 U/g) foi observada na presença do ião Ca^{2+}. Isto indica que o Mg^{2+} aumenta a atividade da serina protease produzida por *S. thermophile* ATCC 42464 e é necessário para a estabilidade e regulação da enzima. Uma observação semelhante relativa à atividade da protease foi documentada por Agrawal *et al* (2005) e Prakasham *et al* (2006). No entanto, esta observação foi contrariada noutro estudo onde se demonstrou que o Mg^{2+} diminuía a atividade proteolítica enquanto o $Zn^{(2+)}$ e o $Co^{((2+))}$ a aumentavam (Upadhyay *et al.*, 2010). A atividade demonstrada pelo controlo manteve-se abaixo (15,55 U/g) do nível máximo. Por conseguinte, foi optimizada a presença de iões $Mg^{((2+))}$ no ensaio da serina protease produzida por *S. thermophile* ATCC 42464.

Fig. 4a: Efeito de diferentes indutores enzimáticos na atividade de serina protease de *S. thermophile* ATCC 42464.

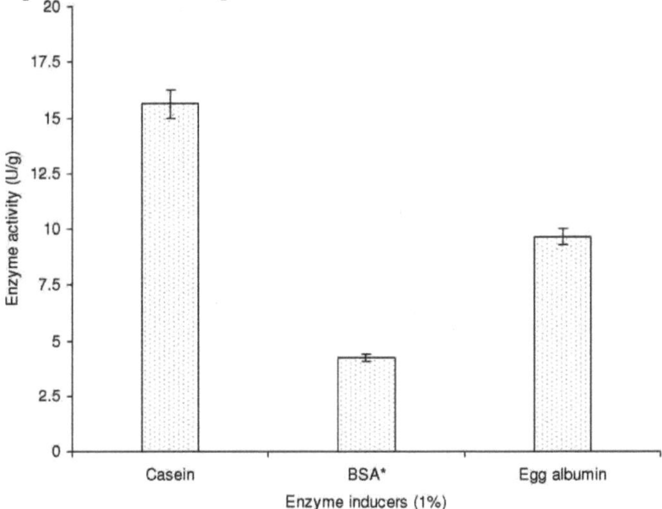

A incubação foi efectuada a 30°C durante 48 h, utilizando MSS pH 5 como diluente. O farelo de trigo (12,5 g) foi utilizado como substrato. *Albumina de soro bovino.

As barras Y indicam o desvio padrão (±sd) entre as três réplicas paralelas. Cada valor médio difere significativamente ao nível de p<0,05.

Fig. 4b: Efeito de vários quelantes e inibidores enzimáticos na atividade de serina protease de *S. thermophile* ATCC 42464.

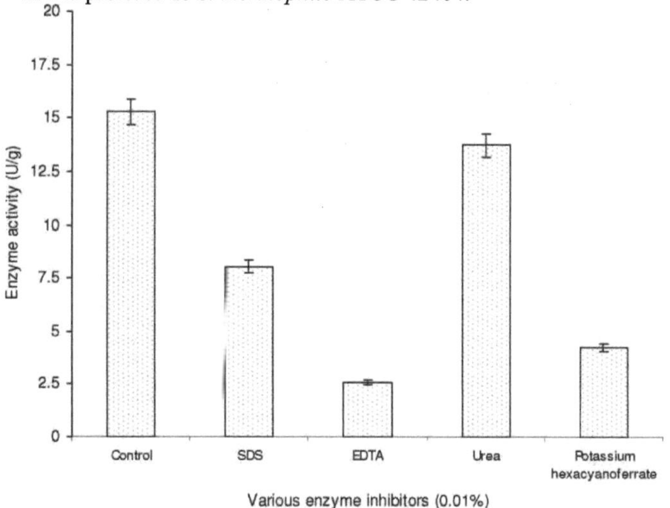

A incubação foi efectuada a 30°C durante 48 h, utilizando MSS pH 5 como diluente. O farelo de trigo (12,5 g) foi utilizado como substrato. A caseína (1%) foi adicionada ao meio de ensaio como indutor de enzimas.

As barras Y indicam o desvio padrão (±sd) entre as três réplicas paralelas. Cada valor médio difere significativamente ao nível de p<0,05.

Fig. 4c: Efeito de diferentes iões metálicos na atividade de serina protease de *S. thermophile* ATCC 42464.

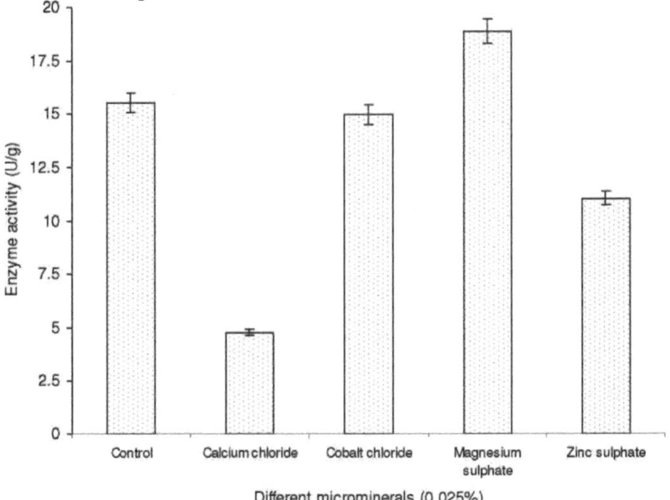

A incubação foi efectuada a 30°C durante 48 h, utilizando MSS pH 5 como diluente. O farelo de trigo (12,5 g) foi utilizado como substrato. A caseína (1%) foi adicionada ao meio de ensaio como indutor de enzimas.

As barras Y indicam o desvio padrão (±sd) entre as três réplicas paralelas. Cada valor médio difere significativamente ao nível de p<0,05.

6 CONCLUSÃO

No presente estudo, *o Sporotrichum* ATCC 42464 *termofílico* foi utilizado para a produção de serina protease utilizando a fermentação em substrato sólido (SSF). O farelo de trigo (12,5 g) foi utilizado como fonte de carbono. Foram optimizadas as condições de cultura, tais como o teor de água (MSS-12,5 ml), o pH (5) e o tempo de incubação (48 h). A atividade enzimática diminuiu na presença de inibidores (ureia, SDS) e quelantes (EDTA), ao passo que a presença de iões metálicos, especialmente $Mg^{(2+)}$, aumentou a atividade da serina protease. Foi observada uma atividade enzimática máxima de 18,84 U/g nas condições optimizadas. No entanto, a caraterização parcial da atividade enzimática é um pré-requisito para estudos de aumento de escala.

REFERÊNCIAS

Agrawal D, Patidar P, Banerjee T, Patil S. Produção de protease alcalina por um isolado do solo de *Beauveria felina* em condições SSF: otimização de parâmetros e aplicação à hidrólise da proteína de soja. *Proc Biochem* 2005;40:1131-1136.

Agrawal D, Patidar P, Banerjee T, Patil S. Produção de protease alcalina por *Penicillium* sp. em condições SSF e sua aplicação à hidrólise de proteínas de soja. *Proc Biochem* 2004;39:977-981.

Aguilar CN, Favela-Torres E, Vinegra-Gonzalez G, Augur C. As condições de cultura determinam a produção de protease e tanase em culturas submersas e em estado sólido de *Aspergillus niger* Aa-20. *Appl Biochem Biotechnol* 2002;102-103:407-414.

Aikat K, Bhattacharyya BC. Extração de proteases na fermentação em estado sólido de farelo de trigo por uma estirpe local de *Rhizopus oryzae* e estudos de crescimento pela técnica de gel macio. *Proc Biochem* 2000;35:907-914.

Aikat K, Bhattacharyya BC. Produção de protease em fermentação em estado sólido com reciclagem de meio líquido num reator de placas empilhadas e num reator de leito compacto por uma estirpe local de *Rhizopus oryzae*. *Proc Biochem* 2001;36:1059-1068.

Algarsamy S, Chandran S, George S, Soccol CR, Panday A. Produção e purificação parcial de uma metaloprotease neutra por fermentação fúngica de substrato misto. *Food Techno Biotechnol* 2005;43:313-319.

Algarsamy S, Paul D, Chandran S, George S, Carlos R. Farelo de arroz como substrato para produção de enzimas proteolíticas. *Arquivos Brasileiros de Biol Tecnologia* 2006;49:843-851.

Anandan D, Marmer WN, Dudley RL. Isolamento, caraterização e otimização de parâmetros de cultura para a produção de uma protease alcalina isolada de *Aspergillus tamarii. J Ind Microbiol* Biotechnol2007;34:339-347.

Barros C, Crosby JA, Moreno RD. Early steps of sperm egg interactions during mammalian fertilization. *Cell Biol Int* 1996;20:33-39.

Basu BR, Banik AK, Das M. 2008. Produção e caraterização de protease extracelular de *Aspergillus niger* AB_{100} mutante cultivado em escama de peixe. *W J Microbiol Technol* 2008;24:4449-4455.

Battaglino RA, Huergo M, Pilosof AMR, Bartholomai GB. Requisitos de cultura para a produção de protease por *Aspergillus oryzae* em fermentação em estado sólido. *Appl Microbiol Biotechnol* 1991;35:292-296.

Beg QK, Gupta R. Purificação e caraterização de uma serina protease alcalina dependente de tiol e estável à oxidação de *Bacillus mojavensis*. *Enzyme Microb Technol*2003;32:294-304.

Beuchat LR, Basha SMM. Produção de proteases pelo fungo de ontjom, *Neurospora sitophila. Appl Microbiol Biotechnol* 1976;2:195-203.

Bugg CE, Carson WM, Montgomery JA. *Drugs by Design. Scientific American* 1993;269:92-98.

Chakraborty R, Srinivasan M, Sarkar SK, Raghvan KV. Produção de protease ácida por um novo *Aspergillus niger* por fermentação de substrato sólido. *J Microb Biotechnol* 1995;10:17-30.

Chellappan S, Jasmin C, Basheer SM, Elyas KK, Bhat SG, Chandrasekaran M. Produção, purificação e caraterização parcial de uma nova protease de fermentação em estado sólido de *Engyodontium album* BTMFS10. *Proc Biochem* 2006;41:956-961.

Chisti Y. Fermentação de substrato sólido, produção de enzimas, enriquecimento de alimentos. *Encyclopedia of Bioproc Technol: Fermentation, Biocatalysis, and Bioseparation* 1999;5:2446-2462.

Chrzanowska J, Kolaczkowska M, Polanowski A. Produção de enzimas proteolíticas exocelulares por várias espécies de *Penicillium. Enzyme Microb Technol* 1993;15:140-143.

Chutmanop J, Chuichulcherm S, Chisti Y. Srinophakun. Produção de protease por *Aspergillus oryzae* em fermentação em estado sólido utilizando substratos agro-industriais. *J Chem Technol Biotechnol* 2008;83:1012-1018.

Cohen BL. Regulação da produção de proteases em *Aspergillus*. Transactions of the *British Mycological Society* 1981;76:447-4450.

Collen D, Lijnen HR. O sistema fibrinolítico no homem. *CRC Crit Rev Oncol Hematol* 1986;4:249-301.

Craik, C.S., Roczniak, S., Largman, C. & Rutter, W.J. The catalytic role of the active site aspartic acid in serine proteases. *Science* 1987;237:909-913.

Daniel RM, Peterson ME, Danson MJ. A base molecular do efeito da temperatura na atividade enzimática. *Biochem J* 2010;425:353-360.

Davidson DJ, Higgins DL, Castellino FJ. Actividades de ativação do plasminogénio de complexos equimolares de estreptoquinase com variantes de plasminogénio recombinante. *Biochemistry* 1990;29:3585-3590.

Ellaiah P, Srinivasulu B, Adinarayana K. Uma revisão sobre proteases alcalinas microbianas. *J Sci Ind Res* 2002;61:690-704.

El-Shora HM, Metwally MA. Produção, purificação e caraterização de proteases de soro de leite por certos fungos. *Anais de Microbiol* 208;58:495-502

Fan-Ching Y, Lin IH. Produção de protease ácida por *Aspergillus niger* de uma destilaria de álcool de arroz. *Enzyme Microb Technol* 1998;23:399-402.

Farley PC, Ikasari L. Regulação da secreção de carboxil proteinases extracelulares *de Rhizopus oligosporus*. *J Gen Microbiol* 1992;138:2539-2544.

Garcia-Gomez MJ, Huerta-Ochoa S, Loera-Corral O, Prado-Barragan LA. Vantagens de um extrato proteolítico de *Aspergillus oryzae* de farinha de peixe em comparação com uma preparação proteolítica comercial. *Food Chem* 2009;112:604-608.

Germano S, Pandey A, Osaku CA, Rocha SN, Soccol CR. Caracterização e estabilidade de proteases *de Penicillium* sp. produzidas por fermentação em estado sólido. *Enzyme Microbial Technol* 2003;32:246-251.

Gupta R, Beg QK, Lorenz P. Bacterial alkaline proteases: molecular approaches and industrial applications. *Appl Microbiol Biotechnol* 2002; 59:15-32.

Hajji M, Rebai A, Gharsallah N, Nasri M. Otimização da produção de protease alcalina por *Aspergillus clavatus* ES1 em pó de tubérculo *de Mirabilis jalapa* utilizando um desenho experimental estatístico. *Appl Microbiol Biotechnol* 2008;79:915-923.

Hedstrom L. Serine Protease Mechanism and Specificity (Mecanismo e Especificidade da Serina Protease). *Chem Rev* 2002;102:4501- 4523.

Hellmich S, Schauz K. Produção de proteases extracelulares alcalinas e neutras de *Ustilago maydis. Exp Mycol* 1998;12:223-232.

Helmann JD. Compilação e análise de sequências dependentes do promotor *de Bacillus subtilis*: evidência de contacto prolongado entre a RNA polimerase e o ADN promotor a montante. *Nucleic Acids Res* 1995;23:2351-2360.

Holker U, Lenz J. Fermentação em estado sólido - existem vantagens biotecnológicas? *Curr Opin Microbiol* 2005;8:301-306.

Ifrij IH, Ogel ZB. Produção de proteases extracelulares neutras e alcalinas pelo fungo termofílico *Scytalidium thermophilum* cultivado em celulose microcristalina. *Biotechnol Lett* 2002;24:1107-1110.

Ikasari L, Mitchell DA. Produção de protease por *Rhizopus oligosporus* em fermentação em estado sólido. *W J Microbiol Biotechnol* 1994;10:320-324.

Imanaka T, Shibazaki M, Takagi M. A new way to improve protease thermostability. *Nature* 1996;324:695-697.

Kocabiyik S, Ozel H. Uma protease ácida extracelular insensível à pepstatina produzida por *Thermoplasma volcanium. Bioresource Technol* 2007;98:112-117.

Kumar CG, Takagi H. Microbial alkaline proteases from a bioindustrial perspective. *Biotechnol Adv* 1999;17 :561-594.

Li J, Chi Z, Wang X, Peng Y, Chi Z. A seleção de leveduras produtoras de proteases alcalinas de ambientes marinhos e a avaliação da sua produção de péptidos bioactivos. *Chinese J Oceanol Limnol* 2009;27:753-761.

Liang T, Lin J, Yen Y, Wang C, Wang S. Purificação e caraterização de uma protease extracelular produzida por *Monascus purpureus* CCRC31499 em pó de camarão e meio de casca de caranguejo. *Enzyme Microbial Technol* 2006;38:74-80.

Lonsane BK, Ghilgyal NP, Budiatnan S, Ramakrishna SV. Aspectos técnicos da fermentação em estado sólido. *Enzyme Microbiol Technol* 1985;7:258-265.

Macchione MM, Merheb CW, Gomes E, daSilva R. Produção de proteases por diferentes fungos termofílicos. *Biotechnol Fuels and Chemicals2008*;3:343-350.

Malathi S, Chakraborty R. Produção de protease alcalina por um novo isolado *de Aspergillus flavus* em condições de fermentação de substrato sólido para utilização como agente de depilação. *Appl Environ Microbial* 1991;57:712-716.

Merheb-dini C, Gomes E, Boscolo M, daSilva R. Produção e caraterização de uma protease de coagulação do leite no extrato enzimático bruto de *Thermomucor indicaeseudaticae* N31 recentemente isolado. *Food Chem* 2010;120:87-93.

Mukherjee AK, Adhikari H, Rai SK. Produção de protease alcalina por *Bacillus subtilis* termofílico em condições de fermentação em estado sólido (SSF) utilizando erva *Imperata cylindrica* e casca de batata como meios de baixo custo: Caracterização e aplicação da enzima na formulação de detergentes. *Biochem Eng J* 2008;39:353-361.

Murthy PS, Naidu MM. Produção de proteases por *Aspergillus oryzae* em fermentação em estado sólido utilizando subprodutos do café. Fermentação em estado sólido utilizando subprodutos do café. *W Appl Sci J* 2010;8:199-205.

Nehete PN, Shah VD, Kothari RM. Perfis de produção de protease alcalina em função da composição da idade da lâmina, transferência, número de isolados e estado fisiológico da cultura. *Biotechnol Lett* 1985;7:413-418.

Ni X, Chi Z, Liu Z, Yue L. Rastreio de leveduras marinhas produtoras de proteases para a produção de péptidos bioactivos. *Ata Oceanologica Sinica/Haiyang Xuebao* 2008;27:116-125.

Ogawa A, Yasuhara A, Tanaka T, Sakiyama T, Nakanishi K. Produção de protease neutra por uma cultura líquida revestida por membrana de *Aspergillus oryzae* IAM2704. *J Ferment Bioeng* 1995;80:35-40.

Ogrydziak DM, Scharf SJ. Protease alcalina extracelular produzida por *Saccharomycopsis lipolytica* CX161-1B. *J Gen Microbiol* 1982;128:1225- 1234.

Ong PS, Gaucher GM. Produção, purificação e caraterização da termomicolase, a serina protease extracelular do fungo termofílico *Malbranchea pulchella* var. sulfurea. *Can J Microbiol* 1976;22:165-176.

Pandey A. Fermentação em estado sólido. *Biochem Eng J* 2008;13:81-84.

Paranthaman R, Alagusundaram K, Indhumathi J. Produção de protease a partir de resíduos de moagem de arroz por *Aspergillus niger* em fermentação em estado sólido. *W J Agricultural Sci* 2009;5:308-312.

Pena LB, Tomaro ML, Gallego SM. Efeito de diferentes metais na atividade de proteases em cotilédones de girassol. *Electronic* JBiotechnol2006;9:258-262.

Prakasham RS, Rao CS, Sharma PN. Green gram husk-an inexpensive substrate for alkaline protease production by *Bacillus* sp. in solid-state fermentation (Casca de grama verde - um substrato económico para a produção de protease alcalina por *Bacillus* sp. em fermentação em estado sólido). *Biores Technol* 2006;97:1449-1454.

Rajmalwar S, Dabholkar PS. Produção de protease por *Aspergillus* sp. utilizando fermentação em estado sólido. *Afr JBiotechnol* 2009;8:4197-4198.

Rao MB, Aparna M, Tankasale AM, Ghatge MS, Deshpande VV. Aspectos moleculares e biotecnológicos das proteases microbianas. *Micrbiol Mol Bio Rev* 1998;62:597-634.

Sanchez VE, Pilosof AMR. Relações proteína-conídio de *Aspergillus niger* cultivado em fermentação em estado sólido. *Biotechnol. Lett* 2000;22:1629-1633.

Sandhya C, Sumantha A, Szakacs G, Pandey A. Avaliação comparativa da produção de protease neutra por *Aspergillus oryzae* em fermentação submersa e em estado sólido. *Proc Biochem2005*;40:2689-2694.

Sangsurasak P, Mitchell DA. A investigação da transferência de calor multidimensional transiente na fermentação em estado sólido. *Chem Eng J* 1995;60:199-204.

Santos MM, Rosa AS, Dal'Boit S, Mitchell DA. Desnaturação térmica: a fermentação em estado sólido é realmente uma boa tecnologia para a produção de enzimas? *Biores Technol* 2004;93:261-268.

Sathya R, Pradeep BV, Angayarkanni J, Palaniswamy M. Produção de protease de coagulação do leite por um isolado local de *Mucor circinelloides* em SSF utilizando resíduos agro-industriais. *Biotechnol Bioproc Eng* 2009;14:788-794.

Shenoy AS, Prakash J. Wheat *(Triticum aestivum) bran:* composition, functionality and incorporation in unleavened bread. *J Food Quality* 2001 ;25:197-211.

Sindhu R, Suprabha GN, Shashidhar S. Otimização dos parâmetros do processo para a produção de protease alcalina de *Penicillium godlewskii* SBSS25 e sua aplicação na indústria de detergentes. *Afr J Microbio Res* 2009;3:515-522.

Ranhotra GS. Hidrólise do ácido fítico no concentrado proteico de trigo durante o fabrico de pão. *J Food Sci* 1972;37:12-13.

Teufel P, Gotz F. Caracterização de uma metaloprotease extracelular com atividade de elastase de *Staphylococcus epidermidis*. *J Bacteriol* 1993;175:4218-4224.

Tunga R, Banerjee R, Bhattacharyya BC. Otimização de alguns factores que afectam a produção de protease em fermentação em estado sólido. *Bioproc Eng* 1998;19:187-190.

Upadhyay MK, Kumar R, Kumar A, Gupta S, Kumari M, Singh A, Jain D, Verma HN. Otimização e caraterização de proteases extracelulares de *Aspergillus flavus* MTCC 277. *African J Agr Res* 2010;5:1845-1850.

Urbanek H, Yirdaw G. Proteases ácidas produzidas por espécies de *Fusarium* em culturas e em plântulas infectadas. *Physiological Plant Pathol* 1978;13:81-87.

Villegas E, Aubague S, Alcantara L, Auria R, Revah S. Solid state fermentation: Acid protease production in controlled CO_2 and O_2 environments. *Biotechnol Adv*

1993;11:387-397.

Vishwanatha KS, Rao AGA, Singh SA. Produção de protease ácida por fermentação em estado sólido utilizando *Aspergillus oryzae* MTCC 5341: otimização dos parâmetros do processo. *J Ind Microbial Biotechnol* 2010;37:129-138.

Wang HL, Vespa JB, Hesseltine CW. Produção de protease ácida por fungos utilizados na fermentação de alimentos à base de soja. *Appl Microbiol* 1974;27:906-911.

Wu LC, Hang YD. Produção de protease ácida a *partir de Neosartorya fischeri. Lebensmittel-Wissenschaft und-Technologie2000*;33:44-47.

Yang JK, Huang XW, Tian BY, Wang M, Niu QH, Zhang KQ. Isolamento e caraterização de uma serina protease do fungo nematófago *Lecanicillium psalliotae* com atividade nematicida. *Biotechnol Lett* 2005;27:1123-1128.

Zadrazil F, Brunert H. Investigação de parâmetros físicos importantes para a fermentação em estado sólido da palha por fungos de podridão branca. *Eur J Appl Microbiol Biotechnol* 1981;11:183-188.

Zadrazil F, Puniya AK. Estudos sobre o efeito do tamanho das partículas na fermentação em estado sólido do bagaço de cana-de-açúcar em alimentos para animais utilizando fungos de podridão branca. *Biores Technol* 1995;54:85-87.

Printed by Books on Demand GmbH, Norderstedt / Germany